薛永祺院士

海波

秦畅

我们是学生

与中国院士对话

把你看得更清楚

红外探测技术

薛永祺　亓洪兴　　编写
海波　秦畅

华东师范大学出版社
·上海·

图书在版编目（CIP）数据

把你看得更清楚：红外探测技术 / 薛永祺等编写；张启明绘 .
—上海：华东师范大学出版社，2018
（与中国院士对话）
ISBN 978-7-5675-7821-0

Ⅰ.①把… Ⅱ.①薛…②张… Ⅲ.①红外探测—少儿读物
Ⅳ.① TN215-49

中国版本图书馆 CIP 数据核字（2018）第 113455 号

与中国院士对话

把你看得更清楚
红外探测技术

编　　写　薛永祺　亓洪兴
　　　　　海　波　秦　畅
绘　　图　张启明
责任编辑　刘　佳
责任校对　张多多
装帧设计　高　山　崔　楚

出版发行　华东师范大学出版社
社　　址　上海市中山北路 3663 号　邮编 200062
网　　址　www.ecnupress.com.cn
电　　话　021-60821666　行政传真 021-62572105
客服电话　021-62865537　门市（邮购）电话 021-62869887
地　　址　上海市中山北路 3663 号华东师范大学校内先锋路口
网　　店　http://hdsdcbs.tmall.com

印 刷 者　杭州日报报业集团盛元印务有限公司
开　　本　787×1092　16 开
插　　页　2
印　　张　8.25
字　　数　57 千字
版　　次　2018 年 8 月第 1 版
印　　次　2021 年 5 月第 2 次
书　　号　ISBN 978-7-5675-7821-0/V·001
定　　价　48.00 元

出 版 人　王　焰

（如发现本版图书有印订质量问题，请寄回本社客服中心调换或电话 021-62865537 联系）

与中国院士对话

丛书编写委员会

褚君浩　龚惠兴　贺林　刘佳　刘经南　亓洪兴　钱旭红　秦畅

田汉民　王海波　武爱民　薛永祺　闫蓉姗　杨雄里　杨云霞

叶叔华　朱愉　邹世昌

（按姓氏音序排）

写在前面

薛永祺院士在节目现场

"海上畅谈"工作室的推出，是我作为广播人的一个梦想。信息传播技术日新月异，新技术带来的传播方式的改变，给传统媒体如报纸、期刊、广播、电视等以超出想象的冲击。在互联网技术崛起、移动终端设备改变大众阅读习惯的时代，数家报刊无奈宣布停刊，多数传统媒体寻求转型。传统媒体会死吗？这是许多新闻人的疑问。广播这样一种历史悠久的、"古老的"、传统的媒体形态，在互联网技术的冲击下，非但没有消失，反而在动荡中异军突起，展现出活泼的生命力，这虽出乎世人的预料，但也在情理之中。今天，广播节目的丰富多彩，与广播人多年来的不懈奋斗是分不开的，广播人在一次次的新技术冲击中，始终抓住信息内容，以新技术带动节目内容的创新，主动求新求变，在技术裂变中寻找到了更多的机会。

新时代，面对"建设具有全球影响力的科技创新中心"的战略要求，媒体人该如何做？如何为营造"大众创业、万众创新"

的社会氛围尽一份责？媒体能否在形式、内容的传播方法和手段上实现"自我创新"，让支持创新、宽容失败的理念"随风潜入夜"？广播媒体人试图回答这些问题。

基于此，我们独家策划了"创新之问·小学生对话中国院士"系列广播节目，试图为上海科创中心建设培育创新沃土。这档节目的初衷，是想请中国院士来和小学生一起畅谈当前有趣的科普话题。我们认为，小学阶段的孩子，有旺盛的好奇心和求知欲，他们的念头千奇百怪，他们的问题独特刁钻，那么让在学术领域已成大家的院士们和童言无忌的小学生进行科学启蒙式的对话，会不会出现无法预料的惊喜呢？

有了这样的想法，我们尝试着请中国院士来为小学生进行科普，出乎意料地顺利，院士们纷纷表示支持，使这一节目得以顺利完成。就节目谈话内容来说，大院士们给小朋友谈的并不是特别尖端前沿的科学，而是更偏向于基础的工程学，偏向于如何用科学探索去引领技术突破，继而带动产业升级，最终服务全人类。不积跬步，无以至千里，科学探索的道路漫长而艰辛。院士们以自身的成长经历为例，为孩子讲自身"学"的故事，引导他们去养成一种"思"的习惯。

院士为孩子们讲的科学知识，不光是理

薛永祺院士

论研究的内容，而且还结合我国现有的产业现状，让孩子们能切实感受到产业现状，了解专业学科的背景知识，启蒙他们的职业意识，让孩子们知道科技强国的梦想务必得立足实际。

近90高龄的知名天文专家叶叔华院士代表科学界首次宣布了我国参与世界探索太空的巨型望远镜计划。"海上畅谈"率全国之先，成为最先披露此消息的节目。钱旭红院士讲述了自己小时候动手拆闹钟的故事，让孩子们对勤动手勤动脑有了更贴切的体会。邹世昌院士在现场严肃认真的模样，让孩子们感受到科学家老爷爷的气场。贺林院士讲述遗传基因的现场十分热闹，他和孩子们讨论双胞胎为啥那么像这个话题时乐翻全场。一场场妙趣横生、充满智慧的对话，打造了一场场听觉盛宴！院士们不拘泥于传统科普刻板的知识灌输，充分展现了个人魅力，拉近了对话者之间的距离。对话中，孩子们大胆向院士们抛出一系列童言无忌、天马行空的问题，院士们耐心接招，甚至坦言"不知道"，并以此激励孩子们自己去想、去探索。听者不仅惊讶于现在小学生的知识面之广，也为院士们呵护每一个孩子至为珍贵的探索精神而感动。

当然，不光是小学生，还有初中生，

主持人秦畅与薛永祺院士

他们也对科普知识十分渴求。

　　这样生动的对话在节目结束后我们依然不能忘怀，我们希望有更多的孩子能听到院士们的话。于是有了我们这套"与中国院士对话"丛书。在各位参与院士的支持下，我们将节目谈话的知识内容加以系统化地扩展，以文字的形式配上插图，更清晰更形象地展示学科领域的基础知识。在知识内容编写的过程中，一群年轻的、奋斗在各科研领域一线的博士们加入到编写队伍中，他们梳理了谈话涉及的领域知识，补充了相关的专业内容，让这套丛书的科学性更立体、知识性更充实。本套丛书的插图选自"视觉中国"、"全景"等专业图库，力求图文并茂地为孩子们展现知识内容。

　　杨雄里院士在节目中说道："科学就是跟新的东西打交道，要不断地创新。"我们把这套丛书献给孩子们，希望他们在成长的道路上能探索一个又一个的秘密，并以此为乐。

"海上畅谈"节目

2017 年 2 月 26 日

学生

VS

院士

目录

/001
每件事都想弄清楚

一个小孩子，可能因为生长的家庭环境不同，就读的学校不同，会有不同的童年。有的孩子成绩好，有的成绩不一定好。但不管他的成绩如何，要走上科学研究的道路，他从小就要有股遇到事情、碰到问题，要把它弄清楚的劲儿。

/019

看得见的世界

　　世界是什么样子的，是我们的眼睛看见的样子吗？为什么我们的眼睛在白天能看见事物，到了漆黑的晚上就看不清东西了？同学们，你们知道吗？这些司空见惯的现象，让人类思考了很久很久。

/047
可见光之外还有什么

　　世界上绝大多数新的发现都是基于已知的东西推断出来的，如果止步于已知的世界，而不去深究它背后的未知领域，那么我们的科学就很难进步！物理学家对于光的认知正是经历了从已知到未知的探究，才一点一点揭开了光世界的神秘面纱。

/073

人造"慧眼"——神奇的红外探测技术

"世界这么大，我想去看看"，每个人都有想出门看看美丽大自然的愿望，科学家当然也不例外。不过对科学家们来说，他们更想制造出人造"慧眼"，去探测人眼看不到的世界。

红外光，它是波长比红光更长的电磁波，具有明显的热效应，使人能感觉到却看不见。可以说，目前我们能够接触到的物体都在源源不断地向外发射红外光。科学家们通过红外探测技术来"观察"物体，让人类的视角更加宽泛。

每件事都想弄清楚

薛永祺院士在实验室里查看扫描仪成像系统镜筒

科学之问

一个 **小** 孩子，可能因为生长的家庭环境不同，就读的学校不同，会有不同的童年。有的孩子成绩好，有的成绩不一定好。但不管他的成绩如何，要走上科学研究的道路，他从小就要有股遇到事情、碰到问题，要把它弄清楚的劲儿。

海波：

同学们，你们好。我是海波。我们这套"与中国院士对话"的图书，是特意为你们准备的。我们邀请了在科研领域一直奋斗的大科学家来给你们讲讲他们的成长故事，给你们讲讲你们最想知道的科普知识。这些科学家的成长故事，既有趣又能激励你们早早立志，没准儿，你们中间的谁，以后也能成为大科学家。

秦畅：

我是秦畅，坐在我旁边的就是今天要和同学们对话的薛永祺院士。你们知道他是研究什么的吗？

学生：

不知道。

海波：

有一句话可能大家都很熟悉，这句话就是"百闻不如一见"。薛爷爷总说自己做的就是"一见"的工作，让我们来看看薛爷爷到底是研究什么的吧！

4

薛永祺

从事红外探测、航空多光谱和成像光谱遥感技术研究 40 余年，在国家的遥感攻关和高技术计划（863）的信息获取与处理主题中，先后完成"航空多光谱扫描仪"、"红外细分光谱扫描仪"、"实用型模块化成像光谱仪"、"超光谱成像仪"、"三维成像仪"等研究项目，开创红外扫描成像和激光扫描测距等技术集成的三维成像遥感新技术，实现了无地面控制点快速生成数字高程模型和地学编码图像。研发的各种机载光电遥感器，在森林火情探测、环境监测、地质遥感、精细农业研究、考古等领域得到国内外的广泛应用，取得了显著的经济和社会效益。

常熟水乡风光

秦畅：

薛院士，看到现场的学生，您是不是一下子想到自己小时候呢？您能跟同学们讲讲您小时候的故事吗？

乡村里的科学家

今天看到这么多小同学，我真的是很感慨。我小时候可不能跟你们比。我小时候是在农村长大的。

农村当然不能跟城里比了，高楼大厦那是没影子的事儿。我家里是普普通通的平房，晚上连电灯都没有，也没有收音机，当然更没有电视机了，我也不像现在的小朋友有那么多的玩具，那么多的娱乐活动。但我那个时候也有属于我们那个时代的开心时光。我家门口就是田地，一推门出去，就能看到绿色植物。没有玩具，我们就跟田地里的昆虫打交道，蚱蜢、金龟子、蜻蜓，这些我们都捉过。夏天，我们还下河摸鱼捉虾。和现在的小朋友比，日子是过得辛苦，但也没有那么多的作业。

6

学生：

您小时候这样捉鱼抓虾地玩，那您学习成绩怎么样啊？

薛永祺：

我小时候学习很一般。

秦畅：

在您看来，走上科学道路是不是有什么必由之路啊？

　　我觉得每个人出身的家庭不一样，家庭教育对孩子的影响非常大。我给大家讲讲我小时候的趣事吧。

　　我出生在南通的一个普通农村家庭里面，很小的时候就随父母搬到常熟居住。常熟是一个富裕的江南鱼米之乡，这个地方有很深厚的文化底蕴。我的父母虽然文化程度不高，但他们非常重视孩子的教育。尽管家里孩子比较多，我又是老大，但是父母宁可自己辛苦，也要咬着牙供我上学。我父亲包办了家里地里的重活，常常干到很晚，我母亲则要为全家人烧饭、做衣服，也是非常辛苦。这些事情我都看在眼里，记在心里。

我父亲并不是一味地埋头种地，他非常有智慧，也有一定的科学知识，还具有一种敢想敢做的冒险精神，这些对我的影响非常大。

这里我要先问问你们：清凉油你们用过吗？

学生：

用过。

薛永祺：

清凉油里面那个让你觉得凉丝丝的东西，是什么做的，你们知道吗？

学生：

不知道。

薛永祺：

清凉油里面的主要成分是薄荷油。

清凉油

田地里的薄荷
（图片来源：视觉）

8

那时候，一般农民都是在田里种水稻、小麦这些粮食，有了粮食一家人才不会饿肚子嘛。当然除了种粮食以外，还可以种一种植物——薄荷，用它提炼薄荷油。国家在有的年份会到农村里来收购薄荷油。在一块土地种了薄荷，然后提炼出薄荷油，再把这个薄荷油卖给国家，得到的收益要比在这块土地种水稻高两到三倍。但是这里有一个风险，如果某一年这块土地都种了薄荷，而国家并不收购薄荷油，这就等于这一年既没有粮食收成，又没有收入。

所以，到底种不种薄荷，这就需要一点冒险精神，还需要一些科学技术，因为种了薄荷还要自己提炼出薄荷油。我父亲就是既有这样的技术，也有这样的冒险精神。

提炼薄荷油需要什么样的技术呢？

实际上就是需要一口很大的锅，我印象当中这口锅直径有 2—3 米，深度也有 2 米。锅上面有个盖子，盖子上面还要有管道。另外还需要一个大的木桶，木桶也有 3 米多的口径，2 米多高，这个桶里要装有凉水。那个年代，农村里面没有自来水，这么大的桶要装水怎么办？所以，我们选择在河边操作这个事情。先到河边找块地方，然后用一个架子架起锅，在下面烧柴。把薄荷收过来以后把它的叶子和茎①放在这个锅里面，加到 2/3 的样子，然后再加水，加水加到快要满了，就把盖子盖上，盖子四周都有螺丝，要拧起来密封，然后烧火煮，大概要煮七八个小时。

煮沸后产生的蒸汽就是薄荷油和水的混合物，通过管道流到大木桶里面的冷凝器中。大木桶里事先就装好了凉水，这是从河里面打上来的凉水。这个混合蒸汽流到冷凝器后形成了油水分离状态的液体。油比水轻，浮在上面，水在下面。我们在盛液体的一个小桶底部，事先开一个小洞，可以让水流出来。当然这个过程要看着，不能让油也流掉了。

① 说明：我们是把薄荷的茎和叶从地里割下来，把它的根留在地里。为什么要把根留下来呢？因为只要有根在，第二年地里还会长出薄荷来。

10

我们学过物理知识和化学知识后就会知道，这其实是一个简单的冷凝装置。薄荷油和水蒸气的混合物通过管道冷凝，形成了油和水的混合液体。最后利用油水比重不同，把它们分离出来。这是一种非常简单粗糙的办法。

　　我的印象当中一亩地的薄荷大概最终能得到一两斤薄荷油，产量并不是太高。所以在这样的情况下，薄荷油炼出来以后，父亲就像得到宝贝一样，用大大小小的瓶子装好藏起来。

图上所示的就是农村提炼精油常用的土法，本图仅为示意图。

（图片来源：百度百科）

11

每件事都想弄清楚

我为什么给同学们讲这个故事呢？其实我想说，我父亲虽然不懂物理和化学原理，但是他很乐意学习，他看见别人做，他就跟着学。我也受到他很大的影响，比他更进一步的是，我上学后知道物理知识了，我就更要把这些事情的原理搞清楚。光把理论搞清楚是不够的，做出一个东西和你知道这个东西的原理，这之间有很大的不同。

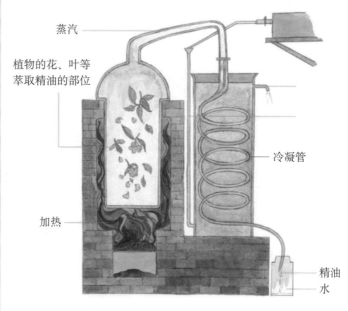

蒸汽

植物的花、叶等
萃取精油的部位

加热

冷凝管

精油
水

蒸馏法示意图
（图片来源：百度百科）

大约是受到父亲的影响吧，我比较喜欢动手做东西，喜欢钻研技术，就是俗话说的动手能力很强。我后来到华东师范大学物理系读书，那时候，我们也很爱时髦，可是大学生又很穷，什么都买不起，怎么办呢？我就自己动手做矿石收音机。我们那个年代的收音机都是电子管做的，并且用交流电，不能随身带。后来，我自己买了探空气球的微型电子管、干电池这些材料，动手做了一个可以随身带的收音机，这简直就是50年代的"iPad"，可以说相当时髦，相当"拉风"了！

华东师范大学摩托车运动队雄姿（左一为薛永祺）

海波：

哇，好厉害啊！除了收音机，您还会做什么？

薛永祺：

电视机我也会自己做。

学生：

哇！

我们那个时候和现在是没法比的，但是，尽管时代不同，但做学问这件事情，还是有很多相通之处的，我还可以给同学们说一个我大学时候的故事。

我读大学的时候国家还很穷，大学生都是难得的人才，国家就很重视，希望我们这批年轻人早点到工厂里去，早点开始建设国家。我大三的时候就进了上海广播器材厂实习。接触到的第一个任务，就是研制航海雷达。怎么研制呢？其实还是以仿造为主。当时苏联跟我们国家是友好关系，他们提供了一台船上用的航海雷达，我们就是要把苏联提供的雷达分解、仿造，一点一点研究。

那时候总工程师要求我们先把雷达拆开，看它的机械元件是什么，电子元件是什么，然后我们要把里面的元件画出来，画出结构图，画好之后跟总工程师汇报，她根据情况找一些技术人员，看怎么把它仿制出来。

这个过程跟学校里的学习完全不同，可以说，学校里的学习是书生式的学习，而参与到一个实际的项目里去之后，你才会发现，书本里的知识是有局限的，一动手实践就发现，哪些知识我还知道得不够。我那个时候挺卖力的，遇到不懂的，赶快买本书来自己读，然后再去解决实践中遇到的问题。

14

勤动手，不忘拿电烙铁的基本功

同学们非常棒！我其实是想告诉你们，你们在课堂里学习的知识是非常基础的知识，这很重要。但科学技术的发展非常快，你们以后要进入的领域可能是一个全新的领域，是以前学的知识里面没有涉及的新东西，这个时候，你们要怎么办？

学生：

薛爷爷，您是想告诉我们，学习是学不完的，对吗？

学生：

薛爷爷是说，我们在课本里学的知识不够用。

15

我在科学研究上一路走过来，认为有三个要素非常重要，给同学们分享一下。

　　一个人首先要有才能，这个才能是指你要有会学习的能力。你想做什么，你缺少什么知识，你要清楚地知道，这样才能够促使自己去学习。这种会学习的能力会推动你更好地去工作和成长。

　　机遇也是一个人能够成功的重要因素，但机遇和才能是相辅相成的。首先要有能力，才能够抓住遇到的机遇。我在科研路上，就是遇到了几次很好的机遇，每一次我都认真对待。比如，我一参加工作，就被派到三亚，跟苏联科学家一起做海洋的水声探测实验。那个时候的三亚可不是旅游胜地，而是非常荒凉的没有开发的偏远地方。海上做科研项目非常辛苦，因为大多数人会晕船，在船上吐得一塌糊涂，头晕眼花，没有体力怎么做科研。我身体好，吃得苦，看到别人晕船，我就跑前跑后地记录数据，把别人的活儿也干了。在休息的时间里，有人去玩了，我还坚持看书查资料，把我在实验过程中搞不懂的问题弄通。

　　所以，我想跟同学们讲的第三个要素就是勤奋，光有机遇也是不够的，还得要勤奋。有了机遇，自己不勤奋，这个机遇就可能与你擦身而过。

　　同学们，我希望你们能够踏踏实实地做事，做一件事情成一件事情，这样一点一点地积淀，人生才会充实和快乐。

在遥感仪器总调实验室工作

看得见的世界

世界是什么样子的，是我们的眼睛看见的样子吗？为什么我们的眼睛在白天能看见事物，到了漆黑的晚上就看不清东西了？同学们，你们知道吗？这些司空见惯的现象，让人类思考了很久很久。

问题思考

1 光的本质是什么?

2 我们为什么能看见世界?

3 这个世界的颜色是从哪里来的?

在阅读本章内容时,同学们可边读边思考这些问题,看看读完本章后,是否能回答这些问题。读完本章后,你对这些问题还有兴趣的话,可以上网进一步查询相关知识。

薛永祺：

同学们，你们刚才问了我很多问题，现在，我也来问你们一个问题。人为什么有两只眼睛，它们有什么作用呢？

 学生：

是不是因为一只眼睛看到的是平面的图像，而两只眼睛看到的是立体的图像？

 薛永祺：

这么说虽然不太准确，但也是可以这样理解的。

 秦畅：

还有没有同学需要补充的？

 学生：

人有两只眼睛，是人类进化的选择。

 学生：

两只眼睛看世界的视角更广一点。

 薛永祺：

同学们都说得很好。这是一个很有趣的问题，我在这里不说答案，你们回家后可以试一试，捂住一只眼睛上楼梯和用两只眼睛看着上楼梯有什么不同的感受。

光到底是什么

光，到底是什么？这貌似一个非常简单的问题，我们普通人却很少去追问。因为，光对人来说，就似空气一样普通，虽然我们摸不着，但它似乎永恒存在。

人一生下来（天生视觉障碍的除外），眼睛就可以睁开，就可以看见这个充满光亮的世界。白天，在自然光线充足的地方，我们可以看见周围的事物，晚上，在漆黑的环境中，我们看周围的事物就很费劲，甚至可以说，我们看不见东西。当然，不管是白天还是黑夜，只要我们闭上眼睛，我们就看不见周围的事物，这是一件非常确定的事情。

光进入眼睛，
让人能看见事物
（图片来源：视觉中国）

24

对于光这种司空见惯的自然现象，古人有什么思考呢？人类很早就在追问光的本质——光是什么东西。古希腊的哲学家提出了一个假说：光是从眼睛射出去的线，到达物体后，就能被人看见。这种说法显然不成立。为什么呢？如果说光是人眼发射出去的，那么只要人眼睁开，就会发射光，就会看见事物，但这显然与事实相违背。人在漆黑的环境里是看不见东西的，所以古人才会用"伸手不见五指"来形容黑暗。

古人很早就认识到光的重要性，甚至认为光是这个宇宙最原始的事物之一，这些我们可以从各个文明早期的神话传说中见到端倪。几乎每个文明都有代表光明的神。

但是，由于古人对物质的认知有局限，所以古代科学家关于光的本质是什么这个问题争论不休。他们提出很多解释，但这些解释往往是基于假设而不是科学的实证。

我们现在来回顾物理学史，会发现科学家们关于光的本质这一问题的探讨和研究是物理学史上最有趣、最持久的争论之一。

是微粒还是波——光学史上的大争论

古代科学家对光的本质的解释有多种假说，其中，最有名、最为人们接受的是光的"微粒说"。

古希腊时代的科学家认为光的本质是一种非常细小的微粒，他们认为光是由"光粒子"组成。"微粒说"很好地解释了光为什么沿着直线传播，解释了光的反射和折射现象。但"微粒说"并不能完全解释光的一些日常现象。比如，同学们玩过玻璃珠吧，两颗玻璃珠碰到一起后会弹开，你们设想一下，如果光是由微粒构成的，两束光碰到一起后是不是应该像玻璃珠碰撞一样弹开呢？当然，事实并非如此。所以，"微粒说"解释不了这种日常现象。

光的经典反射和折射现象

（图片来源：视觉中国）

当然，"微粒说"也说不清楚构成光的微粒数量有多少，存在于哪里。所以，对于"微粒说"的假设，科学家们并不满意，仍然继续追问光到底是什么。

中世纪特别是"文艺复兴"之后，科学家们重新燃起科学之火，对自然界进行深入的研究。这个时期，人们对自然界的认知有了很大的进步，更多地用实证的手段来研究自然现象。

17世纪，意大利科学家格里马第（Francesco Maria Grimaldi）做了一个非常有名的实验。他让一束光穿过两个小孔后照到暗室里的屏幕上，发现在投影的边缘出现了明暗条纹的图像，于是，他提出，光可能是一种类似水波的波动，这是最早的光的"波动说"。

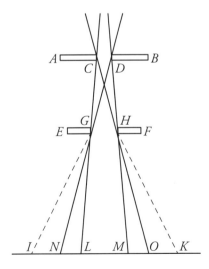

格里马第实验示意图，他让一束光穿过两个小孔后照到暗室里的屏幕上，得到了有明暗条纹的图像

尽管光的"波动说"有实验作为佐证，但毕竟"微粒说"由来已久，而"波动说"也不能完全解释光的物理现象，所以，17世纪中期，光的本质是"波"还是"微粒"还存在争论，一时难分上下。

　　17世纪后期，物理学史上最伟大的科学家之一——牛顿（Isaac Newton）公布了他最为著名的实验——光的散射实验，这之后，牛顿在1704年出版了划时代的巨著《光学》。非常有意思的是，牛顿本人是"微粒说"的支持者。正因为牛顿在物理学界乃至科学界有至关重要的地位，又因为他坚定地支持"微粒说"，使得光的本质是"微粒"这一说法在牛顿的时代占据上风。

牛顿

（图片来源：维基百科）

直到 1801 年，英国科学家托马斯·杨（T. Young）公布他的实验——光的双缝干涉这个著名的光学实验，让"波动说"重新开始走向主流舞台。此后，多位著名物理学家都以各自的实验和研究来支持"波动说"，认为光是一种波，并且测出了光的速度等重要数据。

光的双缝衍射实验

（图片来源：视觉中国）

麦克斯韦
（图片来源：维基百科）

　　随着人类进入 19 世纪，物理学的发展也在向前推进。现在科学家将 19 世纪称为物理学的黄金时代，在这个世纪，诸多重要的物理学理论建立起来，光的本质是什么，也在这一个世纪得到论证。

　　19 世纪中期，伟大的物理学家麦克斯韦(James Clerk Maxwell) 提出了电磁理论，并且预言光可能是电磁波的一种。当然，再完美的预言也需要实验来验证，直到 19 世纪后期，物理学家赫兹（Heinrich Rudolf Hertz）才用他设计的装置和实验证实了电磁波的存在，这就是著名的赫兹实验。

　　电磁波的发现和此后电磁学的发展是人类"信息技术"革命的开端，经典物理学为人类的科学技术发展到今天这样的高度奠定了坚实的理论基础。所以，今天的人们非常怀念并且感激那些伟大的物理学家，是他们的成就让人类认识到科学的伟大力量。

我们为什么能看见

我们认知周围的世界、接收外界的信息的最重要的器官无疑是眼睛。人的眼睛如果看不见东西，人会有什么感受呢？关于这个问题，我们先来看一个有趣的成语故事吧。

盲人骑瞎马，夜半临深池

《世说新语》这本书里面记载了一则有趣的故事。在东晋时期，有一天，顾恺之、桓玄和殷仲堪凑到一块儿闲谈说笑。他们决定玩一个游戏，即用一句话来描述一个危险的情境，谁描述的情境最危险，谁就获胜。

桓玄说："矛头淅米剑头炊。"这句话的意思是把枪矛和利剑的尖头当米吃。殷仲堪说："百岁老翁攀枯枝。"这句话的意思是说年过百岁的老头挂在枯树枝上，相当危险啊！顾恺之说："井上辘轳卧婴儿。"井上的辘轳是圆筒状的，容易滚动，婴儿躺在上面，万一掉进井里怎么办？这场景确实危险。

不过，刚才这几句对危险的描述，还是没有分出胜负。他们三人继续兴高采烈地谈论。这时，殷仲堪的一位参军忍不住插话，他说："盲人骑瞎马，夜半临深池。"这场景是说眼睛看不见事物的盲人骑着一匹瞎马，深更半夜，走到深水池塘边。他说完后，殷仲堪不由脱口而出："咄咄逼人！"殷仲堪为什么会说这句话呢？因为他本人正巧一只眼睛不能视物，目盲的痛苦他太清楚了。所以他才有感而发，"盲人骑瞎马，夜半临深池"这简直太危险了！

毫无疑问，"盲人骑瞎马，夜半临深池"这句话描述的情境是最危险的。眼睛看不见，就切断了同周围世界的大部分联系，进入了对周围世界未知的状态，而对未知的恐惧可以说是人类最大的恐惧了。

所以，我们庆幸眼睛能让我们看见周围的世界。我们为什么能看见周围的世界呢？对于这个问题，古代科学家早有解释，认为这是光从物体上反射进我们眼睛的结果。

当然，现在科学家们更加清楚地知道，我们是怎么看见事物的。

我们的眼睛里面有眼球，眼球类似凸透镜，物体发出或反射的光经过凸透镜聚焦后，在我们的视网膜上形成倒立的像，视网膜上分布了视觉神经，视觉神经将接收到的视觉信号传递给大脑，经过大脑的处理，我们才"看见"正立的事物。

所以，我们能看到的事物是本身能发光的东西，比如炉火、太阳等，或者能反射其他光源照射来的光的东西，比如绿叶、红花、月球等。如果事物周围没有光源照射，自己也不发光，正常人的眼睛是无论如何也看不到它的，因为没有光进入眼睛引起大脑的视觉感应。

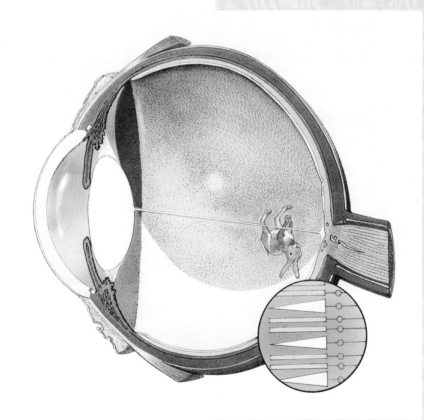

成像示意图

（图片来源：视觉中国）

颜色从哪里来

当我们睁开眼观察周围的世界时，我们会发现这是一个多彩的世界。我们用花红柳绿、蓝天白云这样一些词汇来描述日常所见的景色。除了日月山川有多彩的颜色，人们发现，大自然的许多天气现象也是变化多彩的。

长城上空的彩虹
（图片来源：视觉中国）

比如，彩虹就是一种自然界经常出现的，非常美丽的大气现象，它也是古代文人诗词里面的常客。古人惊叹彩虹的颜色之美，用"霓裳羽衣"这个词来形容像彩虹那样漂亮的裙子。古人也感叹彩虹形状之美，常常用彩虹来与拱桥相比。大诗人李白大约对彩虹有偏爱，他的诗句里面就有"两水夹明镜，双桥落彩虹"、"霓为衣兮风为马，云之君兮纷纷而来下"这样的名句。

从古人的诗文中，我们还发现，古人对彩虹的成因做了一些探讨和总结，知道雨后多有彩虹、瀑布成虹等常识，还留下"高风吹作雨，低日射成虹"这样的诗句。

我们为什么能看到一个多彩的世界呢？彩虹里面的赤橙黄绿青蓝紫这些颜色是从哪里来的？颜色和光又有什么关系？这些问题不光普通人想了解，科学家同样也很感兴趣。

光的颜色

对光和颜色的研究，还得从牛顿说起。

牛顿手中的"彩虹"

据说，在 1672 年一个酷热的夏日里，牛顿戴着厚厚的假发待在一间小屋子里做实验。为了保证实验效果，小屋不但关闭了门窗，还拉上了厚厚的窗帘，房间里一片漆黑。随后，牛顿让一束阳光从墙上预先留下的一个小孔里射了进来。

汗流浃背的牛顿根本顾不上房间的闷热，他全神贯注地做着实验。他手里拿着一个三棱镜，他把这个三棱镜插进墙上的小孔里，这就使得阳光先透过三棱镜，然后照射到墙上。

这时，墙上

牛顿的光的散射实验
（图片来源：全景）

36

出现了一条彩色带，颜色从红色到紫色正好七种，跟彩虹的颜色一样。这个下午，牛顿最著名的实验之一——光的散射实验就在这间黑暗闷热的小屋里完成了。从这个实验中，牛顿得出光由七种颜色复合而成的结论。后来牛顿在他的巨著《光学》一书中详尽地阐述了光的色彩叠合与分散。

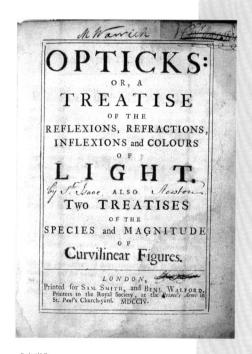

《光学》
（图片来源：维基百科）

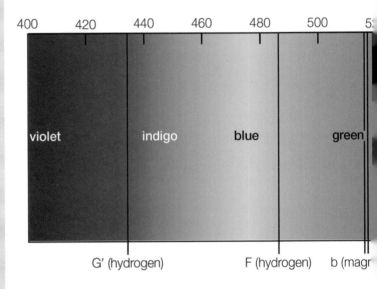

当然，牛顿之后的科学家继续对光的颜色问题进行了研究。正如前文提到的，后来，科学家们发现光的本质是电磁波，而我们人的眼睛，只对波长在400—750nm这个范围内的光有反应，因此，科学家把这段光称为可见光。

从图上我们清楚地看到可见光有"赤橙黄绿青蓝紫"七种颜色，但是我们的经验告诉我们，我们能看到的颜色似乎不止这七种，而是很多很多，这又是怎么回事呢？

因为光的颜色是和光的波长对应的，假设我们定义可见光的光谱范围是400—750nm，它实际上覆盖了350nm的光谱范围，我们如果把这段光谱细分为7份，每一份大概覆盖50nm的光谱范围，大概就对应着"赤橙黄绿青蓝紫"这七种颜色的光；如果我们把这段光谱细分为50份，每一份大概覆

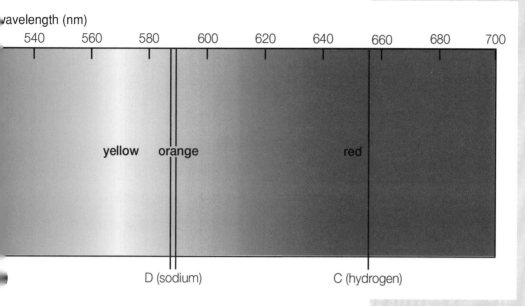

图片来源：视觉中国

盖 7nm 的光谱范围，大概就对应着 50 种颜色的光。当然还可以进一步细分，分得越细，意味着对应的颜色就越多。

所以，在科学家眼里，特别是在物理学家眼里，没有"颜色"，只有光的波长。颜色依赖于光存在，是视觉上的感受。而且人的眼睛是有局限的，波长相近的两种颜色人的眼睛无法分辨，这时候我们就必须借助于高分辨率的光谱分析仪器来区分不同的颜色，但无法用某种颜色来称呼，而是以波长和带宽来确定[①]。

① 我们平时用的电脑和手机的屏幕是三基色（红、绿、蓝）的强度组合来显示的，不是光谱分辨率决定的。

39

如何解读物体的颜色

光是有颜色的。那么略加思考，我们通常就会进一步追问：物体的颜色从何而来？物体的颜色和光又有什么关系呢？

你看到了什么？

我们可以来做一个有趣的实验。

在一张白色的纸上，用红色笔画一个大大的叉。然后，透过一块红色的玻璃去看这张纸，你会看到什么呢？

同学们要是感兴趣，就来试试哦！

（答案：什么都看不见）

日常生活中，我们能看到各种颜色的物体。这些物体所呈现的颜色取决于光源属性和被照物体的自身属性。

比如，某件衣服是绿色的，这意味着衣服对波长范围在 500—560nm 的绿光的反射和散射最强。这部分光到达人眼，会对视觉细胞形成刺激，刺激经过视神经传导到大脑视觉中枢，形成视觉，人就有了颜色的感觉，也就认为衣服是绿色的。物体本身的固有特性，如物质的成分（化学成分）和物质的结构（原子排列）决定了物体反射和散射哪种波长的光，从而让我们看到物体的颜色。

"你看到了什么"这个小实验里的物理现象我们又该怎么来理解呢？红色的叉反射和散射了红光，白色的纸反射和散射了复合光，这两种光遇到红色玻璃时，只有红色的光通过红色玻璃进入我们的眼睛，所以，我们眼睛只"看到"了红光。那么，可想而知，红色的叉和"红"色玻璃"融"为一体，结果什么都看不见了。

怎么样，是不是很有趣？

颜色的"魔术"

我们都知道，孔雀羽毛具有绚丽的色彩，非常漂亮，这是羽毛本身的颜色吗？我们可以在显微镜下发现，孔雀羽毛表面有细小的规则的结构，物理学家把这种结构称作微纳结构，它对不同波长的光起到不同的吸收和反射作用。于是，一束入射光照射到孔雀羽毛上，经过羽毛表面这种微纳结构的反射、折射和散射后进入我们的眼睛，就让我们看到丰富多彩的颜色。物理学家眼里没有"颜色"，只有"波长"。

（图片来源：视觉中国）

我们的经验还告诉我们，光线的明暗也会让我们感觉到颜色的差异，那物体为什么会有如此丰富的颜色呢？俄罗斯物理学家瓦维洛夫（Сергей Иванович Вавилов）在《眼睛和太阳》[①]一书中解释道："无论是亮度还是颜色都是相对的而且是主观的。"

所以，颜色这个概念是从人的感受角度定义的，所谓的"彩色"只有在可见光范围内才有实际意义。

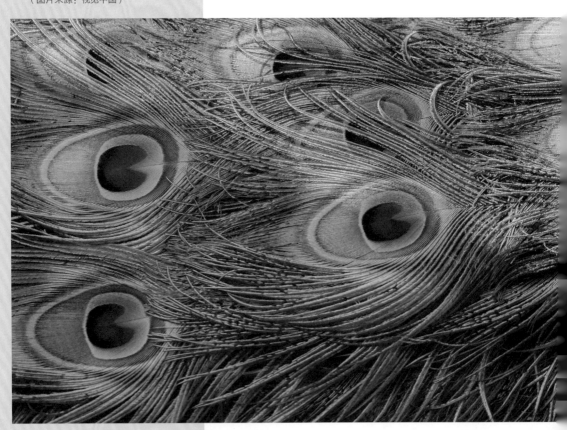

① [俄] 瓦维洛夫. 眼睛和太阳 [M]. 汤定元，译. 北京：科学出版社，1956.

聚焦实验

　　同学们，在本章的讲述中，我们谈到了物理学史上最大的争论——光的本质是什么。物理学最美妙的地方是什么？我们从物理学家对光的探索这一过程中可以发现，物理学是讲究实证的科学，提出的假说一定要用实验加以验证。这些实验是可以重复的，实验数据是经得起反复论证的。

　　比如，牛顿的散射实验就被后人一次一次重复，在重复中，又被不断改进，继而又有了新的重大发现。

　　所以，对物理学来说，动手实验是非常重要的技能。

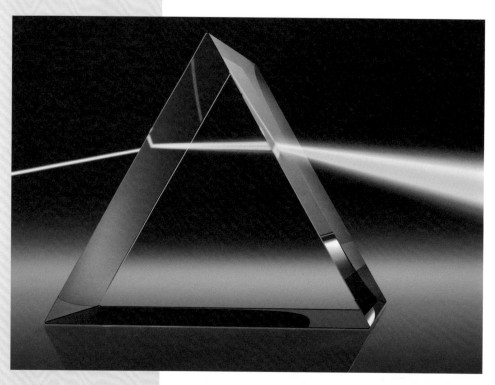

经典的散射实验，一束白光通过
三棱镜

（图片来源：视觉中国）

所以，同学们要是对科学探究感兴趣，不妨也来重复一下我们这章中提到的光学实验吧。

实验名称：光的散射

实验准备：阳光　三棱镜

写一写

　　试着把你的实验报告写下来吧。实验时，除了利用太阳光，还可以自己多准备几种光源，比如烛光、手电筒、发单色光的激光笔等。试着把几种情况下的实验结果都记录下来。

可见光之外还有什么

（图片来源：视觉中国）

世界上绝大多数新的发现都是基于已知的东西推断出来的，如果止步于已知的世界，而不去深究它背后的未知领域，那么我们的科学就很难进步！物理学家对于光的认知正是经历了从已知到未知的探究，才一点一点揭开了光世界的神秘面纱。

问题思考

1 可见光之外还有什么？

2 太阳光里还有什么秘密？

3 如何去感知看不见的世界？

小提示

在阅读本章内容时，同学们可边读边思考这些问题，看看读完本章后，是否能回答这些问题。读完本章后，你对这些问题还有兴趣的话，可以上网进一步查询相关知识。

物理学家的"慧眼"

在上一章里，我们讲到了牛顿的故事。牛顿做了一个很了不起的实验，他让太阳光透过一个棱镜照到墙上，然后发现太阳光被分离成七种颜色的光。这是历史上物理学家第一次明确了太阳光是一种复合光。

其实，作为普通人，我们很少去关注太阳光是不是复合光这个问题，甚至，我们看到彩虹这种自然现象，也很少把它同太阳光是复合光这一点联系起来。关于太阳光，我们在生活中有很多切实的体会。比如，夏天的时候，我们被太阳晒一晒就会觉得热，甚至会大汗淋漓。到了冬天，虽然天气很冷，但是只要有太阳，人到太阳光底下晒一晒，就会觉得身上暖洋洋的。所以，我们才会说太阳带来光和热。而这些生活中的常识有没有引起你特别的思考呢？

物理学家们研究的是什么呢？他们研究的就是自然界、生活中的这些日常现象，他们会去思考、探索常识背后的科学道理。比如，我们普通人，通过眼睛看周围的世界，那么我们所见的就是世界的全部吗？

物理学家会去思考：我们看不见的世界会是怎样的？人类又该如何去探知它？

薛永祺：

> 既然牛顿说，太阳光是由红橙黄绿青蓝紫七种颜色的光组成的。那么我们晒太阳时觉得暖洋洋的，这到底是哪一种颜色的光在起作用？

学生：

> 红色。

薛永祺：

> 你们觉得太阳光里热效应贡献最大的是红色光，是这样吗？除了红色光，其他颜色的光贡献热量吗？

学生：

> 贡献。

学生：

> 没有贡献。

发现红外光

在牛顿之后，英国有位天才的科学家名叫赫胥尔（William Herschel），他就对自然常识产生了疑问。什么疑问呢？我先来考考你们。

薛永祺：

> 有点动摇嘛，我看到有几个同学在摇头。来，那个摇头的同学，你怎么思考的？

学生：

> 我觉得蓝色、青色、紫色的光没有什么热效应，因为这些光都是冷色光，而红色、黄色、橙色光，它们都是暖色光。

薛永祺：

> 这个同学很有自己的想法，这个想法对不对呢？我们来看看科学家赫胥尔的故事吧。科学家都是很爱思考的人，他们不光会对自然现象产生自己的想法，还会动手去验证自己的想法。

一位不想做音乐家的天文学家顺便发现了红外光

翻开 17 世纪至 19 世纪的人类科学史，我们会发现伟人和天才如恒星般耀眼璀璨，如伽利略、笛卡尔、开普勒、牛顿、惠更斯等，他们的辉煌成就将人类的认知水平推上了高峰。而且，他们几乎个个都是跨界高手，在多个领域展示出非凡的才华。英国天文学家赫胥尔（William Herschel）就是这样一位天才。赫胥尔在天文学上取得了巨大成就，他以天文学家的身份闻名于后世。但赫胥尔的成就远不止天文学，他青少年时代因音乐才华而扬名，中年后才步入科学殿堂。他设计制作的天文望远镜代表了他那个年代的最高水准，他在研究天文学的同时发现了红外光。

出色的音乐家

1738 年，赫胥尔出生在汉诺威（当时英国王室在欧洲大陆的世袭领地），少年的他随父亲加入了当地的军乐队，在乐队里吹双簧管。那个时期的欧洲，正处于七年战争期间，时局混乱，汉诺威在哈斯特贝克战役中被法军击败并占领。1757 年，赫胥尔的父亲安排 19 岁的赫胥尔和他的哥哥到英国躲避战乱。

初到英国的赫胥尔以音乐谋生，因音乐扬名。他先后在乐队里演奏双簧管、小提琴和风琴等乐器。他在英国好几座城市居住过，并且都在当地

威廉姆·赫胥尔肖像
（图片来源：维基百科）

乐队任职，甚至被任命为首席小提琴手。赫胥尔不光是演奏家，他还是创作家，他创作了好几首交响乐。1766年左右，赫胥尔在巴斯定居后，还出任了当地公共音乐会主任一职，可见在当时他作为音乐家已经具有相当的影响力。

杰出的天文学家、天文望远镜制造者、天王星发现者

任谁也想不到，中年之后的赫胥尔渐渐展露出他在数学、天文学以及天文望远镜制造方面的才华。在赫胥尔那个年代，科学探究的氛围非常浓厚，赫胥尔也是偶然在友人的影响下，对数学和天文学产生了兴趣，从此一发不可收。科学的头脑，严谨的思维，以及对星空的执念支持着他的天文学研究。

赫胥尔自己设计并制造反射式望远镜，他甚至一天花费16个小时来磨光镜面，用来制造望远镜的主镜头。赫胥尔用自制的望远镜在他巴斯寓所的后花园里观测星空，现在这座寓所已经被修建成赫胥尔天文博物馆供人参观。赫胥尔用他自制的望远镜观测星空，他对双星（一对相近的恒星）的观测记录和理论研究成为现代双星天文学的基础。赫胥尔在他那个年代，不仅是位天文学家，还是首屈一指的天文望远镜制造者，1781年3月，赫胥尔在细致的、近乎执拗的观测中发现了天王星，这使他的名声变得更为显赫。

首次发现了红外光

1800 年 2 月 11 日，赫胥尔利用滤镜对太阳进行了观测，他打算研究太阳的光斑。当他用了一块红色的滤镜来观察太阳光时，意外发现，用这块滤镜时，产生了更大的热量。这是观察中的一件小事，但赫胥尔没有放过这件小事。他要研究这种现象是什么原因造成的，跟太阳光有关吗，跟红光有关吗，是何种关系。

当时，牛顿的色散实验已经在科学领域有很高的认知度。赫胥尔也用棱镜对着太阳光做了实验，当然也得到了不同颜色的光。赫胥尔用温度计对每一种单色光进行了测量，在实验中发现，当温度计移到可见的红色光外面时，温度计的读数更大。这意味着什么呢？当时的温度计是根据室内常温设计的，在红色光外，得到比室内温度更高的读数，赫胥尔就猜测：除了我们看得见的可见光外，会不会有看不见的光存在？

后来，我们都知道，赫胥尔发现的是在红光外面的光，被称为红外光。红外光能用来干什么呢？或许发现者本人也没有想到它在后世能发挥巨大作用吧，这也是物理学和技术物理学最有意思的地方。

来　源：https://en.wikipedia.org/wiki/William_Herschel

赫胥尔发现红外光
（图片来源：全景）

发现紫外线

赫胥尔的研究方法很快对同时代的科学家产生了影响。德国化学家里特（Johann Wilhelm Ritter）坚信事物具有两极对称性，比如磁铁有南极和北极，电池有正极和负极。既然可见光红端之外有不可见的辐射，那么在可见光谱的另一端也一定可以发现不可见的辐射。

按着这个思路，里特用化学的方法去测试可见光的另一端的紫色光的外面。当时的科学家已经知道氯化银这种化学物质具有受到光照后会析出银的特性，里特就用了氯化银试纸做测试。同赫胥尔一样，里特用棱镜将太阳光色散后形成七色光，他将试纸放在紫色光外的区域，这个区域用肉眼观察是黑暗的，没有光照。果然，在紫色光外端，氯化银试纸变黑了，这表明在紫色光外端的确存在肉眼看不见的辐射。里特将它称为"化学射线"，这一年恰好是1801年，在赫胥尔发现红外光的后一年。后来，科学家们将里特发现的"化学射线"称为紫外线。

太阳光里还有什么秘密

19 世纪一开始，物理学家就接连发现了太阳光里还有两种看不见的物质。尽管当时的科学家还不清楚这两种物质的本质是什么，但他们已经意识到，在可以看见的太阳光之外肯定还存在着什么！

这其实是对太阳光本质的追问，物理学家正是要去探究现象背后的本质。事实上，19 世纪的科学家们对物质世界的探究将人类的认知大大向前推进了。

前面我们说到，牛顿的散射实验给了他那个时代的科学家巨大的启发。在他之后的很多人，都试着重复他的实验，想去发现点东西。你们看，科学是不是既有趣又有那么点无聊呢？我们有时候不断地重复前人的研究成果，这看起来好像没有什么用处，但是，往往是在这样的探索中，突然发现了什么，突然就打开了一道缝，让你可以窥探到未知世界的面目。可以说，这就是科学研究的乐趣所在吧，并不是为了一个特定的目标，或者要达成明确的目的，仅仅就是为了获得一种"知道"的乐趣。

技术进步助力科学发现

对太阳光的研究也是这样。牛顿之后，在将近 100 年的时间里，科学家似乎对光学的研究没有重大的突破。许多科学家貌似重复着牛顿的散射实验，但其实，他们在重复这个实验时，进行了很多修改。比如，在牛顿实验中，阳光是从小孔里照射进来的，后人在重复实验时，用了细长的缝。又比如，由于制作技术的提高，实验时选用的棱镜透光性能更好。当然，这些物理学家在改进了牛顿的散射实验后，也在实验中得到了不同于牛顿实验的光谱。1800年赫胥尔从太阳光谱中发现了看不见的红外光，1801年里特发现了紫外线，这似乎显示了在19世纪初期，科学界对太阳光的研究突然迎来了小高潮。1802年，物理学家沃拉斯顿（William Hyde Wollaston）发现了太阳光的光谱不是连续的，中间有小暗线。同时期的托马斯·杨做了光的干涉实验。

为什么进入19世纪后，对于光学的研究似乎有了突破性的进展呢？不得不说，这也得益于实验器材特别是光学镜头制作技艺的提高。

是工匠也是物理学家

——追求实用光学的夫琅禾费

"工欲善其事，必先利其器"，这是论语里面的一句话，不过用这句话来形容欧洲18世纪—19世纪的物理学家们也是非常贴切的。

物理学注重实证，即使天空上的星星如此遥远以至于人们无从触摸，也不能阻挡科学家们用实证的方法去探索星空。那他们如何去探索呢？很简单，就是借助器材。那个时候的科学家都会借助天文望远镜去观察星空，用不同放大倍数的望远镜看到的景象当然是不相同的。同样地，科学家们也借助不同的光学元件去分析太阳以及太阳光。这时，我们会看到，器材本身的精度，对科学结论有重大影响。

1814年，德国的物理学家夫琅禾费（Joseph von Fraunhofer）展示了他设计改进的分光镜。他用自己制作的分光镜观察火焰光时，发现火焰光产生的光谱中有一条明亮的固定线。夫琅禾费没有放过这条线，他想弄明白出现这样的线条是光线折射的缘故还是跟光学仪器本身有关，或者是其他原因。他不但研究了火焰光，还用分光镜观察太阳光。在研究太阳光时，夫琅禾费发现太阳光被分散成单色光后，出现了许多条暗线。经过反复实验和测定，夫琅禾费确定，这些暗线确实是太阳这种光源带来的。

夫琅禾费肖像
（图片来源：维基百科）

这些暗线确定跟太阳有关，但它是什么原因产生的呢？夫琅禾费并不清楚，但是他把这些线条仔细地编号，绘制出了一份太阳光谱图，并利用这份光谱图来指导实用技术——精确比较不同玻璃的色散率。这是把光谱用于精确测量的开端。但和同时代的其他物理学家比，夫琅禾费更是一个纯粹的技术物理学家，一位技术高超的光学精密仪器制作大师。他的研究，他的发现，他做的主要实验，都围绕着提高精密光学仪器制作技艺的目的。

　　夫琅禾费出生于德国施特劳宾的玻璃工匠世家，他的童年相当昏暗悲惨，因父母过早去世，他大约11岁时就跟着一个玻璃制品商人当学徒，14岁那年，因工作的车间倒塌，他被埋在瓦砾堆里差点死掉。也正是这一次，仿佛有一缕阳光穿透浓厚的乌云，幸运之神眷顾了这位命运多舛的少年。巴伐利亚的选帝侯亲自领导了救援工作，不但救了夫琅禾费，还给了他学习的机会，这使得夫琅禾费有机会开始系统学习光学知识和光学镜头的制作技艺。他也的确把自己短暂的一生全部都献给了实用光学事业。

　　他自己也说："在我所有的实验中，由于时间不够，只能关注那些似乎与实际光学有关的问题。"

来　源：https://en.wikipedia.org/wiki/Joseph_von_Fraunhofer

夫琅禾费为世人留下一份带有暗线编号的光谱图，其中的奥秘也只能留给后世的科学家来解读了。

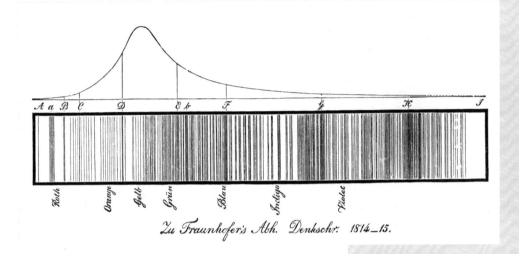

夫琅禾费留下的光谱图

（图片来源：维基百科）

基尔霍夫和本生

（图片来源：维基百科）

思维方式的创新是科学探究的根本

1859 年，两位德国人——大名鼎鼎的化学家本生（Robert Bunsen）和物理学家基尔霍夫（Gustav Kirchhoff）的合作研究让光谱分析法大放异彩，并解开了前辈夫琅禾费留下的谜题。

本生在研究化学元素的时候，用了突破性的非常规手段。他在研究化学元素被加热后所发射的光谱时发现了一些亮线，不同的元素得到的亮线位置不同，这很有趣，本生就打算用这样的办法来发现新元素。他的朋友基尔霍夫知道后，推荐他用高精度的光谱仪，这之后，本生和基尔霍夫开创了光谱分析法，他们证实了每种化学元素都有自己独特的光谱，而且还通过光谱分析法发现了两种新元素。这向科学界展示了光谱分析法的强大威力。

本生和基尔霍夫用到的分光镜

（图片来源：维基百科）

基尔霍夫在他的研究中还发现，某种元素在加热时所发射的光谱产生的是亮线，但是，在光通过这种元素后形成的光谱中得到的却是暗线，亮线和暗线位置正好是对应的。这意味着什么？基尔霍夫认为：同种元素能发射什么样的光，就能吸收什么样的光。那么同种元素相应形成两种光谱——发射光谱和吸收光谱，发射光谱上的亮线，对应在吸收光谱的位置上就是暗线。

　　更精彩的是，基尔霍夫认为，如果用夫琅禾费留下的太阳光谱图同已知元素的光谱图相比对，就能分析出太阳上含的元素。不光如此，那些遥远而不可触摸的地球以外的星体，曾被科学家认为永远不可能知道它们是什么物质构成的，那么现在，本生和基尔霍夫开创的光谱分析法就像一把钥匙，开启了通往遥远星球的大门，太阳以及更遥远的星体似乎不那么神秘了。

电磁波改变了世界

这个同学问得很好。我们常常发现一个有趣的情况：有的物理学家在发现一些新的现象时，其实并不知道这些新发现能用来干什么。随着科学技术的进步，后面的物理学家才慢慢地把前辈的发现用到实际中。

所以，科学家就必须具备一种思路，什么思路啊？就是从已知到未知的探究思路。世界上绝大多数新的发现都是基于已知的东西推断出来的，如果止步于已知的东西，而不去深究它背后的未知领域，那么我们的科学就很难进步了！

把理论研究用到实际中，这在科学上是一个非常大的跨越。赫胥尔发现了红外光，但红外光能做什么用，这一点赫胥尔并不知道。夫琅禾费发现了太阳光谱里的暗线，但是怎么用，夫琅禾费也不知道。

电磁波——伟大的认知

19 世纪 80 年代，赫兹（Heinrich Hertz）用实验证明了空间电磁波的存在，他还计算出电磁波的速度大约是 3×10^8 米／秒，和光速基本一样。

有意思的是，赫兹本人没有意识到他的电磁波实验的重要性。他表示："这是没有用的，这只是一个证明麦克斯韦（James Maxwell）是正确的实验，我们知道了这些神秘的电磁波，我们用肉眼无法看到，但它们在那里。""我猜这没什么。"赫兹曾经这样评价自己的实验。

但正是这个实验，拉开了无线通信的大门，直至最终完全改变了人类通信的方式。

赫兹对电磁波存在的证明引起了物理学界对电磁辐射研究的热情，这类实验在赫兹实验之后呈爆炸性增长，并且不断探索其实用价值。这种电磁波被称为"赫兹波"，直到 1910 年前后，才以"无线电波"的名称来称呼电磁波。1900 年左右，意大利人古列尔莫·马可尼（Guglielmo Marconi）等人在前人理论和赫兹实验的启发下，发明了一套可以发射和接收无线电波的装置，马可尼将之取名为"调谐式无线电报"。正是这套装置，成功地在 1901 年实现了跨越大西洋的通信。今天，无线电波仍然是全球电信网络中的关键技术，也是现代无线设备的传输媒介。

赫兹像
（图片来源：维基百科）

感知电磁波——世界更大了

当然，我们现在已经很清楚了，我们周围的空间中弥漫着各种各样的电磁波，比如广播电台、电视台发射出来的电磁波、电信和移动通信基站发射出来的电磁波等等。

这些电磁波不能被我们的眼睛感知，但可以被各种探测仪器感知，比如广播电台发射的电磁波被收音机感知，我们就可以收听广播电台发射出来的各类音频节目了；电视台发射的电磁波被电视机感知，我们就可以收看电视台发射出来的各类视频节目了；电信和移动通信基站发射出来的电磁波被手机感知，我们就可以随时随地打电话了。

无线通信网络构建了当今的智能城市
（图片来源：视觉中国）

这些电磁波为什么不能被我们的眼睛感知啊？是因为它们的波长太长了，超出了我们眼睛能够感应的波长范围。我们的眼睛能够感应的电磁波波长范围大概是 400—750nm，波长在这个范围之外的电磁波都不能被眼睛感应。除了上面这些波长比可见光长的电磁波，还有波长比可见光短的电磁波，包括紫外线、X 射线等。

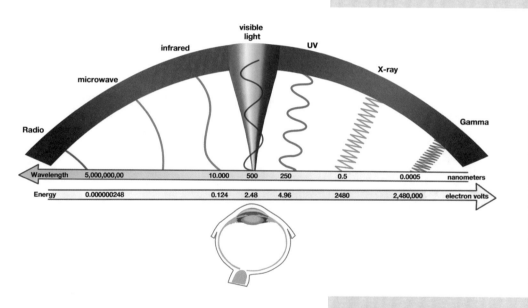

电磁波波段示意图，可见光只占其中一小段
（图片来源：视觉中国）

从这个图上，同学们可以很清楚地知道，我们人眼仅能感知很少很少一部分光。可见光以外可以说还有一个很大的世界，人的眼睛看不见，手也摸不着，怎么办？

这些困难都拦不住人类探究的心。物理学家们在研究中发现地球上每一个物体都在不停地吸收、发射和反射电磁波，并且发现不同物体的电磁波特性是不同的。物理学家们提出了黑体辐射规律，黑体是对任何波长、任意方向的入射辐射均能全部吸收的理想物体。根据基尔霍夫的定义，黑体是最好的吸收体，同时也是最有效的辐射体和理想的漫辐射体。黑体可以用作与其他辐射源进行比较的基准，称为绝对黑体。为了能准确测量真实物体，物理学家又提出发射率的概念。发射率定义为在指定波长处，相同温度下的物体与黑体辐射的辐亮度之比或出射度之比，又称比辐射率。

人类的观测技术，利用电磁辐射原理探测天体

（图片来源：视觉中国）

根据这个原理，如果能探测到物体对电磁波的反射和其发射的电磁波，从而提取这些物体的

68

信息，岂不是就能识别物体了？

所以，尽管人类的眼睛只能见到波长有限的一段电磁波，但人可以发明探测仪去探索看不见的空间。科学家把基础物理研究中得到的原理、发现用到实用技术上，做出了各种探测仪，从得到的数据中，去分析、去还原，一点点地把那些人眼看不见的东西，把那些遥不可及的东西描述出来，这就是人类的伟大，科技的伟大。

聚焦生活

生活中的小常识

这里给大家讲一个小常识。你如果有机会到一些医院或者研究机构的实验室里，千万要小心，留意一下里面有没有紫外消毒灯在工作。这些灯在工作的时候，看起来就像普通的照明灯，实际上它还发射出很多紫外线，受到短时间照射眼睛不会有明显的异样感觉，但照射时间长了，眼睛就会出现红肿、流泪现象，严重的可能会给视力造成很大损伤。这说明什么道理呢？这说明，波长比可见光短的电磁波，比如紫外线，虽然不能使眼睛产生强弱的亮度感应，但眼睛里的生物组织在遭受这些电磁波的辐照时会受到损伤。实际上不仅仅眼睛会受伤，我们的皮肤也会由于长时间的紫外线辐照而受伤，程度轻的会变黑，程度重的甚至会脱皮。所以当我们去云南、海南等地区旅游的时候，由于那些地方的大气对紫外线的吸收弱，太阳光里的紫外线成分就很多，所以我们要做好防晒护理，比如打伞、戴帽子、穿长袖衣服、涂防晒霜等。

当然，任何事物都有两面性，紫外线也有好的一面，我们维持身体健康所必需的维生素 D 的合成就离不开紫外线，这就是我们为什么还要经常晒晒太阳的原因。

相比紫外线，波长再短一点的一种电磁波是 X 射线，如果有的小朋友感冒了，长期咳嗽不好，去医院，医生可能会建议你做胸透，以诊断是否感染肺炎；如果我们不小心让关节错位损伤，一般需要到医院里通过 X 射线拍片来诊断伤情。还有医院里的CT检查，都是基于X射线照相实现的。X 射线为什么能够给身体内部的脏器或者骨头拍照？那是因为 X 射线光子的能量很强，可以很容易地穿透人体。值得注意的是，X 射线相对于紫外线，对人体组织细胞的伤害更大，所以我们应该尽量避免不必要的 X 射线辐照。

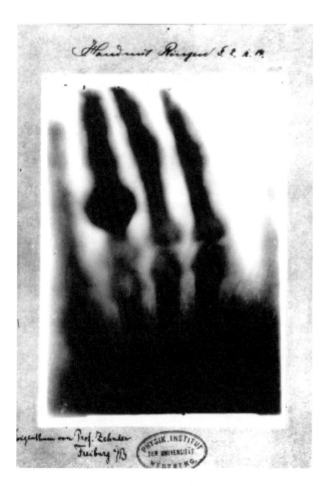

X 射线拍下的伦琴夫人手部照片

（图片来源：维基百科）

人造『慧眼』
——神奇的红外探测技术

"世界这么大，我想去看看"，每个人都有想出门看看美丽大自然的愿望，科学家当然也不例外。不过对科学家们来说，他们更想制造出人造"慧眼"，去探测人眼看不到的世界。

红外光，它是波长比红光更长的电磁波，具有明显的热效应，使人能感觉到却看不见。可以说，目前我们能够接触到的物体都在源源不断地向外发射红外光。科学家们通过红外探测技术来"观察"物体，让人类的视角更加宽泛。

问题思考

1 什么是遥感？

2 相机的图像是怎么拍出来的？

3 找一找，身边的红外探测器有哪些？

小提示

　　在阅读本章内容时，同学们可边读边思考这些问题，看看读完本章后，是否能回答这些问题。读完本章后，你对这些问题还有兴趣的话，可以上网进一步查询相关知识。

远距离探测目标物

人类很早就知道，人的视野是有限的，那该怎么办呢？

古人有一句诗"欲穷千里目，更上一层楼"，是说要站得高才能看得远，所以，古人会想办法修高楼或者站在更高的地方去观察世界。当然仅仅借助眼睛看，还是有局限的。

上一章我们说到，物理学家发现不同物体的电磁波特性不同，那么，运用现代光学、电子学探测仪器，从远距离把目标物的电磁波特性记录下来，通过分析、提取物体的信息，达到远距离识别物体的目的，这就是20世纪60年代发展起来的遥感技术。

我们来看看这样一则故事。

一场可怕的森林大火

在1987年5月6日，我国的森林宝库大兴安岭发生了一场非常可怕的森林火灾，那场大火整整烧了25天。同学们，你们知道吗？森林大火是非常可怕的，一旦燃烧起来，很难扑灭，尤其是在大兴安岭这样地形复杂的山区，高大的成片的树木着火，加上山风一吹，火势完全无法控制。在山区，消防车很难到达，即使到达，那样的大火形成的高温，水喷上去很容易直接蒸发。而且，山火很容易复燃，一点点火头没有被扑灭，就会反复起火。

绵绵群山中的高大林木，特别是那些在原始森林生长了一两百年的大树就这样被大火吞噬，人类在这样的灾难面前其实是非常渺小的。当年，当地群众和数万名官兵轮番去救火，但是效果甚微。很多着火的地点隐藏在原始森林里面，那是人根本去不了的地方。还有很多火头，表面上好像已经被扑灭了，实际上，它还可能复燃。这凭人的眼睛是没法区分出来的。

可见光靠蛮力是不行的。那时候，国家决定把所有能用的探测手段都用上，靠技术去探测火情，摸清了情况，才好制订方案。于是，国家派飞机飞到天上去侦查火情。怎么侦查呢？就是让专用飞机携带红外线扫描装置，在3000米的高空，透过烟雾，用红外线扫描装置从高空拍摄地面的情形，然后科研人员根据红外线扫描装置得到的图像来分析判断，推测哪个地方的火没有被扑灭，哪个地方隐藏着可能会复燃的火头。

当时的探测技术能探测到小至0.1平方米的火

森林大火
（图片来源：视觉中国）

78

头，我们就是用这样的办法，反复寻找那些散落在森林里没有扑灭的明火，监控那些扑灭后又燃起来的火头。这场大火最终被扑灭了，红外探测技术在灭火中发挥了很大的作用。

飞行前带领工作人员调测机载探测器，中间白色上衣戴草帽者为薛永祺院士。

从这个故事中我们知道了关于遥感技术的什么信息呢？

我们要远距离探测物体，最重要的是要有探测器，也叫传感器，这是探测物体电磁波的仪器。现在，人们已经研究出很多种传感器，可以探测和接收物体在可见光波段、红外光波段和微波波段内的电磁辐射。

其次，要有装载传感器的平台，比如卫星、飞机、气球等，当在地面试验时，三角架可以作为简单的遥感平台安装传感器。

最后，采集数据的转换也非常重要。传感器把收集到的电磁辐射按照一定的规律转换为原始图像。原始图像被地面站接收后，要经过一系列复杂的处理，才能提供给不同的用户使用，用户根据这些处理过的图像才能开展自己的工作。

现在，我们看到，人类制造的探测器上天入海，将探测的空间不断扩大，这也推动了遥感技术的快速发展。所以，更理想的平台、更先进的传感器和更优化的影像处理技术都在不断地发展，不断提高人类认知世界的能力。

经纬仪遥测装置，放置在三角架上。
（图片来源：视觉中国）

可见光成像技术

早期的胶卷相机

飞机在天上飞的时候，我们可以让它携带一些仪器，比如带一台照相机，对着地面拍摄，这样就可以拍下地面的山川、河流，让科学家来研究。特别是那些悬崖峭壁、深山老林，还有那些大沙漠，总之是人不容易到达的地方，我们可以用飞机携带相机，拍下照片得到图像，来帮助人们观测地面，分析情况。

照相机为什么能拍出照片，又是怎么拍出照片的呢？这得从早期的照相机说起。照相机的成像原理和我们人眼睛的成像原理是一样的。远处的物体或人反射的光线通过照相机的镜头，它们形成的实像投射在照相机像面上。

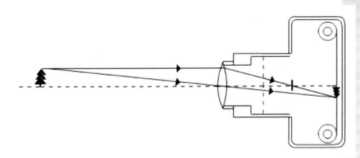

照相机成像示意图

早期我们用的照相机叫做胶卷相机。它有一个暗盒，暗盒里装着胶卷，拍照的时候，胶卷展开铺平以后形成一个曝光面，这个曝光面的尺寸通常是 24mm×36mm，这就相当于胶卷相机的像面。胶卷相机用的胶卷实质上是一种感光材料，上面涂有卤化银，用的时候要把它放进相机的暗盒里。拍照的时候，光线通过镜头照射到这些卤化银晶体上，发生化学反应生成黑色的金属银晶体，这些金属银晶体在显影过程中留在了胶片上，而未被光照射到的卤化银晶体在显影过程中被冲洗掉，从而在胶片上形成明暗对比的影像。

所以，胶卷相机用的是化学办法来感光、记录影像。因此，胶卷需要冲洗后才能得到图像，这非常麻烦。现在，这种胶卷相机在市面上已经很难看到了，数码相机已经取代胶卷相机成为主流。

安装胶卷的老式相机
（图片来源：视觉中国）

光电探测器——数码相机的核心装置

数码相机或者手机摄像头，它们都不用胶卷，而是用面阵型光电探测器（CCD 或者 CMOS）来组成感光平面。面阵型光电探测器由百万、千万数量级的像素点组成，每个像素点对应一个感光单元，所有这些像素点在空间上的排列方式是二维的，也就是排列为一个面阵，比如 1024×1024、4096×4096，当前最大面阵规模为 8708×11608。这样的面阵探测器形成一个感光平面，可以直接对相机镜头得到的光学影像进行曝光定影，当然曝光定影后形成的图像信息直接转换为电信号进而存储到 SD 卡等存储器里。

数码相机的 CCD 或 CMOS 光电探测器

（图片来源：视觉中国）

薛永祺：

用普通的相机或者手机在漆黑的晚上拍照会怎么样？

学生：

要用闪光灯。

学生：

要用"超级夜景"模式。我的手机上就有。

学生：

你们都不对，在漆黑的晚上拍不出景色来。使用专业相机时要用三脚架，在静止状态下用最大光圈曝光很久，才能拍出天上发光的星星。不然什么都拍不出来。

神奇的红外探测技术

黑夜里的"眼睛"——红外探测器

同学们讨论得很热烈。那么，我们到底有没有一双"眼睛"，在黑夜里能"看到"东西呢？

在第二次世界大战期间，美军在冲绳岛的战斗中，就率先使用了一种红外夜视仪，这种仪器是一种可以探测红外辐射的设备。在夜战中，红外夜视仪初露锋芒，将日军在黑暗中的行动探测得清清楚楚。半个世纪后的海湾战争中，美军装备的红外夜视器材，更是可以透过弥漫的风沙和硝烟，发现伊拉克军队的坦克，因为坦克的红外辐射进入了探测器的"眼球"。

为什么红外探测器能探测到物体呢？

因为红外光可说是无处不在。天上的太阳，点燃的蜡烛，燃烧的炉火，冰冷的雪山，阴暗潮湿的苔藓，水里的鱼，地底下的石块……任何物体只要它的温度比零下273摄氏度高，就无一例外地辐射出红外光。

红外光电设备之所以能够"看到"红外光，是因为它们有对红外光敏感的探测器——红外探测器。红外探测器就是把入射的微弱红外光转换为可以测量的电信号的光电转换器件。

最早的红外探测器是单元探测器。随着技术的提高，红外谱段的探测器经历了"单元——线列——面阵"的发展过程。目前，人们已经制造出各种各样的红外探测器，并把它们用在不同的领域，使它们发挥出了巨大的作用。

使用红外望远镜的士兵
（图片来源：视觉中国）

红外探测器成像技术

红外探测器采集到的数据怎么处理呢？最理想的当然是能像可见光相机一样得到清晰的图片，所以，红外探测器采集到数据后，还要经过一系列的信息处理，转化成图像，帮助使用者分析问题。

单元型红外探测器

早期的红外探测器是单元型红外探测器，比如，1987 年在森林灭火中发挥作用的红外相机就是用的单元型红外探测器，它是怎么工作，怎么得到图像的呢？

这种单元型红外探测器工作时（如图所示），它在某一时刻能对一个点成像。如果要对一个面进行成像，就必须通过扫描的方式来实现。如何来理解这一点呢？我们这样想：一个面是由一条一条的线组成的，而每一条线又是由一个一个点组成的。一个单元型红外探测器在某一个时刻只能对一个点进行成像，通过扫描镜的一维扫描（垂直于飞行方向）实现对一条线的成像，然后通过飞机的前向运动，把扫描点向前推进一行，实现对第二条线的扫描成像，如此周而往复，沿着飞机飞行方向完成二维扫描成像，获取地物目标的条带式宽幅影像。

当飞机搭载红外扫描装置在天上飞行时，扫描镜对地上的目标进行高速扫描（每秒钟可以扫描 100 条线），红外探测器实时响应地（面）上目标的红外辐射并输出电信号，地上目标辐射出

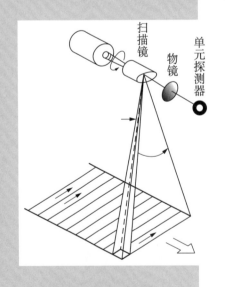

早期单元型红外探测器示意图

的微小变化都在探测器输出的视频电信号中得到体现。所以，早期的红外探测器又被称为红外扫描装置，以扫描方式进行成像，这也是第一代航空侦查红外探测器的基本工作原理。

早期的红外扫描装置应用时有个很棘手的难题，就是单元探测器输出的电信号怎么存储？这个电信号就是红外图像数据，在那个没有现代计算机的年代，科学家怎么来存储这些电信号呢？

当然，科学家想出了一个非常聪明的办法。因为红外探测器输出的电信号随着地面目标物体红外辐射量的起伏而变化，这个大小变化的电信号可以改变一盏小灯泡的亮度。科学家们让红外探测器的电信号先输出到一盏小灯泡上，这样地面物体的红外辐射起伏就转化为这个小灯泡的亮暗起伏，然后再用这个小灯泡的亮暗起伏去曝光可见光胶卷，这样，地面物体的红外辐射起伏就转换为可见光胶卷曝光量的大小，胶卷冲洗出来以后的可见光照片就反映了地物红外辐射的分布，实际上就是一张"红外照片"了。

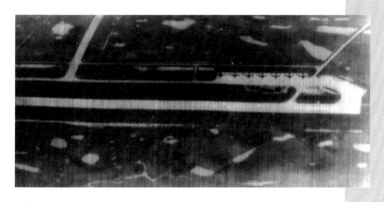

早期红外成像图片

87

因为这种"红外照片"仅仅反映了地物在特定波长范围内（比如 8-14μm）红外辐射量的分布，理论上只能是强度分布，并没有颜色（波长）的特征分布，所以通常红外照片本质上是一种灰度照片，就像早期的黑白照片。这张"红外照片"上亮的地方就表明这个目标的红外辐射强，通常是温度比较高，或者比辐射率比较大。

虽然这种红外成像方式比较古老，但直到现在还在某些领域广泛使用，比如在核电站温排水热污染监测这种对空间分辨率要求不高的红外遥感领域，再比如在水泥厂回转炉温度监控这种对成本要求低、对测温精度要求不高的红外测温领域。

当然，随着技术的发展，线阵型、面阵型红外探测器先后问世，这三种红外探测器的工作原理示意如图。

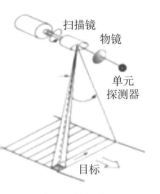

单元型红外探测器

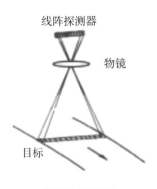

线阵型红外探测器

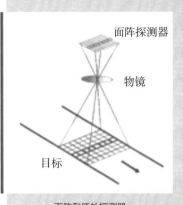

面阵型红外探测器

　　而随着现代计算机的飞速发展，红外探测器的光电信号也变得非常容易处理了，大视场高分辨率红外成像成了红外探测设备新的发展方向和发展趋势。

红外探测器的工作温度

薛永祺:

有个问题，同学们有没有考虑过。我们现在用的红外探测器中有一种叫做光子型的红外探测器。这种探测器灵敏度高、反应快，只要接收到特定波长的一丁点红外辐射，就会立刻反应出来。但是，如果这种探测器放在日常的温度环境里，周围的物体都在辐射红外线的话，它会怎么样？

我们先用类似的例子做个比较。我们在天气预报里，经常听到"降雨量"这个词。"降雨量"是测什么的呢？是测一段时间内，从天空降落到地面上的雨水。气象观测站用"雨量收集器"来测量降雨量。

学生:

啊？它会不会坏掉？

学生:

会放很多电出来吗？

如果雨水收集器本来已经装满了水，它就无法继续收集当前的雨水，当然也就无法测出"降雨量"了。

90

雨水收集器

（图片来源：视觉中国）

不怕冷就怕热的光子型红外探测器

光子型红外探测器是一种不怕冷就怕热的红外探测器。如果工作时达不到一定的低温条件，它会因为自身热效应产生暗电流，这会使得它提前进入"饱和"状态，无法进一步正常感应从光学系统观测视场中辐射来的"热辐射信号"，也就无法进行正常的红外成像。

所以，光子型红外探测器通常要求在深低温环境下工作。那么，我们就要给这些"怕热"的红外探测器提供一个低温的环境。

怎么提供呢？一般要采用制冷机或者液氮将它们工作的温度降到零下190℃左右。

不同材料的探测器对深低温的要求也是不同的，如碲镉汞材料的探测器通常需要工作在77K（零下196℃）的液氮低温环境下。所以，搭载红外探测器的飞机在起飞前，工作人员会给红外探测器加注液氮。

工作人员在给红外探测器加注液氮

当然，除了加注液氮以外，科学家还想出很多办法来给红外探测器提供一个极冷的工作环境。比如，那些在卫星上工作的红外探测器，那可没有人定期给它们加液氮，科学家就换用辐射制冷技术来给它们提供低温工作环境。当然，还有一种机械制冷的技术，也可以用来给红外探测器提供低温工作环境。

不怕热的热导型非制冷红外探测器

是不是所有的红外探测器都只能在极冷的环境里工作呢？当然不是。毕竟需要提供极冷的工作环境，这会给红外探测器的一般应用带来一些麻烦。

好在，现在已经研制出了热导型非制冷红外探测器，这类探测器能把接收到的红外辐射转化为热量，从而改变自身温度，进而改变驱动电路的工作电流来实现对目标辐射的响应。这种类型的探测器目前主要包括微测辐射热计、热电堆、热释电等。

这一类红外探测器在生活中广泛应用，大家只要留心，就能注意到。比如家庭用的红外小夜灯、楼道照明用的红外感应开关、自动门红外开关等，它们都可以做到人来即反应、人走就停止，很有意思。

图书馆等公共场所使用的红外人体体温探测仪
（图片来源：视觉中国）

还有一些家用电视遥控器，本质上是一种红外线的发射器，由红外发光二极管发出近红外波段的光。而电视机前端有一个光敏二极管作为红外接收器。每一次按按钮，遥控器就发出一束不可见的红外光。电视机根据接收到的红外光改变频道、声音等。

常见家用遥控器

（图片来源：视觉中国）

遥控器的小秘密

　　电视机的遥控器能开关电视机，切换频道，轻轻一按，就可以随你控制。我们可以一边吃水果，一边换频道看电视，真是美滋滋的生活。小小的遥控器是怎么做到遥控电视机的呢？秘密就在它的头上有一个红外发光二极管，可以发出近红外波段的光。电视机前端有一个光敏二极管作为红外光接收器。每按一次遥控器，遥控器就发出一束我们肉眼看不可见的红外光。电视机根据接收到的红外光改变频道。

　　同学们可能会问，非得用红外光来遥控？难道可见光就不可以？那么，我们可以想象一下，遥控器不就是像手电筒那样了，按按钮的时候，光线就在眼前乱晃，加上房间里可能有其他灯光的干扰，电视机的光信号接收器恐怕就没法工作了。而红外光是肉眼看不见的，就不会有这个烦恼。

　　同学们可能会注意到，家里的遥控器可能会有好几个，电视机、空调各有各的遥控器，用起来特别不方便，有时候面对一堆遥控器，不知道用哪一个，要是有一个遥控器能控制所有的电器就好了。这样的"万能"遥控器有吗？答案当然是有！我们有的智能手机就配备了这样的 APP，可以统一控制多个家用电器，它是通过模拟各种遥控信号编码，来实现对相应电器的遥控功能。

科学技术一直在不断向前发展，红外探测器的研发技术也是如此。我们当然希望能研究出类似于大家熟知的数码相机中的 CMOS 或 CCD 那样可以广泛使用、分辨率高的面阵型红外探测器，这样大家就可以像使用数码相机那样方便地使用红外探测器。现在这类面阵型红外探测器主要有 384×288、640×480 两种规格，国内也有厂家能够提供 1024×768 规格的产品。这类红外探测器已经广泛应用于夜视侦查、枪瞄、温度异常监测、安保、搜救、消防等领域。

红外火灾探测器
（图片来源：视觉中国）

美国等国家已经研制出了 2048×2048 规格（400 万像素）的红外面阵器件，由于这类器件工作时一般安放在成像透镜的焦面上，所以它们又被叫做红外焦平面器件（IRFPA）。或许在不久的将来，我们会从电器店买到方便、实用的红外照相机，有了它，即使在伸手不见五指的黑夜里，也可以看到活动的人和动物。

热敏照片

（图片来源：视觉中国）

我们的眼睛虽然看不见红外光，但是红外探测技术的发展，帮助人类拓宽了探知世界的能力。探测未知世界，这是人类永恒的动力。

赫胥尔发现红外光的时候，并不知道红外光能派什么用。不过，如果看到今天红外探测技术有如此广泛的应用，他应该会大吃一惊吧。

事实上，红外探测技术并没有太长的历史。在二战后期，红外探测器开始在战争中发挥作用，侦查飞机携带红外探测器在夜间侦查敌方的情况。正是因为红外探测技术在军事上有着至关重要的作用，它在很长一段时间内被严格保密，以至于这项技术在最初并没有进入民用领域。

我们国家的红外探测技术是在一穷二白的基础上做起来的。那时候，美国已经有了军用的红外相机，而我们国家却没有。1950 年左右，敌方的飞机携带红外探测器，在我国的海南、福建、浙江这些地区搞侦查，我们把飞机击落下来，在飞机残骸中发现机上有红外探测装置。所以，这项技术，我们必须要掌握、要发展。

自此以后，我们国家为国防建设需要，开始研究红外探测器和军用红外相机，以及这项技术在国计民生方面的应用。

别看有的红外探测器只是小小的一只，这里

面包含了大量的高科技，也考验着一个国家的产业技术。比如，红外探测器要用什么样的半导体材料来做才能把红外信号探测到，还需要研究配套的集成电路等。光研究还不行，还得跟工厂的生产技术结合起来，研究出来的东西还要能生产出来，不光实验室能用，还要商业上能用。这就需要综合性的应用学科了。

红外探测技术在军事上有着至关重要的作用
（图片来源：视觉中国）

科学技术的发展是非常快的，有时候甚至是急迫的。有的国防建设的需要是买不来的，必须自力更生。到了现阶段，科学技术需要不断创新，必须要掌握自主的高科技知识产权，这对一个国家来说简直太重要了。

遥感飞行前与飞机合影

必须要走自主创新的路

很早以前，有个外国人在鸽子身上绑了一个小型照相机，让它飞到天上去拍照。这大概是最早的遥感技术。在高处向下航拍，视野更大，可以大范围地观察地球。

慢慢地，人们就用飞机代替鸽子，搭载了更加精准的仪器来制图，后来过渡到用卫星在太空中观测地球，这就可以不受限制地到各地去观测。

随着卫星技术的发展，卫星对地拍摄图片的优势就出来了。因为和飞机比，卫星飞得更高，它覆盖的面积更大。尽管发射卫星的成本高一些，但它一旦正常运行，就可以稳定地获取地面的图像。这时候，卫星图像和飞机高空拍摄得到的图像比，成本要低一些。太空上的卫星比较多，卫星拍摄的图片质量也很好，用于商业用途的图片可以购买到。既然我们花几个美金就可以买一幅图像，我们为什么还要花力气去搞航空遥感呢？我们搞航空遥感，就要投入科研经费，还要去租飞机，做飞行试验的时候，还要去空中管制那里申请飞行。麻不麻烦啊？

当然，这种想法在 20 世纪 80 年代中期的时候比较多，也有一定道理。

薛永祺院士在 Y–12 飞机驾驶舱

后来，我们发现，有时我们想要的图片，比如需要分辨率高的，需要有比例尺的，这时候，卫星图片就不能满足需求了，或者这类国外的卫星图片不卖给我们。例如，在 2008 年汶川地震发生后，这个问题就很明显了。汶川地震那么大的灾难，这个时候灾区的图片就显得非常重要。因为地震后，要知道哪个地方还有路，救灾物资怎么运进去。任何灾害发生后，我们首要的是要知道那个地方的交通状况，要对灾害第一时间作出评估，这样才能安排行动。这时候，即使有卫星，但不一定有适用的图片。因为卫星有固定的轨道，可能几天后才能拍到灾区的图片。而且，由于气象等原因，图片的分辨率不够，看不清楚。这时，大家就理解了，飞机有灵活性，随时可行动。现在，大家基本形成共识，卫星和飞机是相辅相成的，是互补的。

我给同学们讲这个故事，也是想说明，要从国家利益的大层面出发，来为我们国家的发展思考问题。我们必须要有自主的、完善的科技研发体系，建立大科学工程，使得科学技术能为国家的发展有所担当。

　　同学们，以你们现在的知识储备，要了解深奥的物理理论知识是有困难的。你们现在这个年龄，就是要对生活、对我们周围的世界有充分的好奇心。你们可以多去参观博物馆，多去看书。你们现在可能还是不知道遥感是什么，光谱仪是什么，这都没有关系，只要你们有这个概念，有这个要研究地球的想法，有探索的欲望就行。你们长大以后可以选择相关的专业，成就你们的梦想，为我们国家的未来作出贡献。

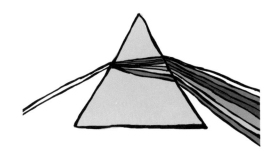

小学生正参观科技展，图为携带遥感监测系统的低空无人机拍摄的地面图像

（图片来源：视觉中国）

查一查

　　请你查一查中国科学院上海技术物理研究所网站的科普文章。

　　这个网站上有科学研究人员写的许多科普文章，比如《风四"慧眼"捕捉沙尘暴行踪》、《如何解读"颜色"》等等，这些文章可以帮助大家拓展课外知识。来看看吧!

美国宇航局红外探测器拍摄到的图片，经合成处理

（图片来源：视觉中国）

异想天开大讨论

你想在未来世界做些什么？

 薛永祺：

> 同学们的思维非常活跃，有很多很好的问题和想法。这种思考和质疑是一个非常好的开始。等你们读完小学、中学，再读完大学，你们可能会更深入地了解电磁波的各种性能，也知道飞机的各种功能，还了解遥感技术。你们会懂得，这一切把我们人类眼睛的视线"延长"了，让我们可以看得更多，看到我们眼睛看不到的东西。

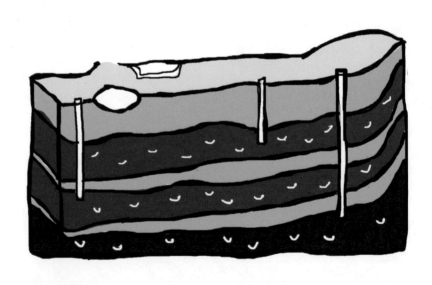

110

学生：

我想带个头盔，把自己脑子里想的东西用头盔记录下来，然后对着一架无人机发射信号，这个无人机就会按照脑子里想的那样去操作。

 学生：

我想派个无人潜水器，潜入海底，用红外探测器去看看海底是个什么样子。

 学生：

我想派个无人机去探测太阳或者宇宙黑洞。

稀奇古怪的想法

未来的世界会是什么样子的呢？来画出你的
未来世界吧！

在科学新年会上，一位学生用液氮表演了一场"低温节目"
（图片来源：视觉中国）

写在后面

亲爱的同学，很高兴通过这套"与中国院士对话"丛书与你相见！

这套书来自上海广播电台"小学生对话中国院士"节目。从一开始的三位院士受邀出席节目，慢慢增加到九位院士来参与节目，截止到本套丛书出版，已经有十几位院士加入到节目中。在每场活动中，院士就各自的专业领域深入浅出解析各种科学现象、提出观点或者讲故事。当然，他们更多的是与孩子们进行童言无忌的有趣对话。"小学生对话中国院士"节目带给所有小朋友意外和惊喜的同时，也给教育工作者带来更多的思考。

"小学生对话中国院士"节目的创意是由阿基米德的 CEO 海滨提出，这和节目主持人海波、秦畅的想法不谋而合。最初我们只是尝试让中国最顶尖的科学家和最天真不受限的孩子进行一次面对面的"交锋"，看看这两个年龄、阅历、知识储备都反差极大的群体，以完全自然、直接的方式展开"平等对话"的时候，会呈现怎样的情形。

所以，在我们的对话活动中，绝没有任何预演，也没有预设框架、限定提问范围。

你想得到吗？这样的设计，让小学生们热情爆棚，而院士们——很紧张！除了紧张，00后、10后小学生们的自信、见识，让院士们惊讶；孩子们面对院士，那种锲而不舍、执着追问，甚至据理力争的状态，都让院士们甚感欣慰。

当院士们回忆起自己的童年故事，引得孩子们一片惊呼、大笑的时候；当院士们弯腰侧耳，仔细倾听孩子们的童真提问时；当院士们看着孩子们的眼睛，坦率地回答"我不知道"时……我们真的有些感动。

每一场活动我们都力求邀请更多的学校参与其中，每一场活动结束后都会有更多的学校向我们发出邀请，希望这样的活动能够走进他们的校园。于是我们想，不如编撰这套丛书吧！

我们保留了部分院士和学生的对话实录，补充了现场没能来得及具体展开的专业名词解析，设计了一些互动游戏，也尽可能把每个相关行业目前国际上最前沿的信息和数据放入其中。我们希望，这套书不仅能说明白一些科学知识，更能反映中国目前科学研究领域的现状；不仅能牵着你的手，一起走入一座座科学探索的城堡，更能给你一副发现科学的望远镜。

特别希望看了这套书后，你也像现场的学生一样，脑袋里冒出很多很多的问题，那么欢迎你能来参加我们的活动。

收听参与方式：

1. 可以扫书中的二维码，来收听收看节目的音频和视频实况。

2. 下载阿基米德APP，进入"海上畅谈"以及"科学魔方"社区。在这里，你不仅可以点播、收听、下载所有节目，还可以在社区里和我们随时互动！

丛书编写组

扫码进入：现场重现
（对话薛永祺院士现场声频和视频）